学会钩编，将体验更丰富的生活情趣

学会钩编，将品味更芬芳的鲜花世界

书中所展示的美丽花卉，均为作者原创设计，朵朵千娇百媚，惹人喜爱

钩编的花世界，可装饰，可摆拍，可馈赠，可收藏……

钩编的花世界

陈金霞　王薇　著

中国建材工业出版社

图书在版编目(CIP)数据

钩编的花世界 / 陈金霞，王薇著. ——北京：
中国建材工业出版社，2015.5
ISBN 978-7-5160-1199-7

Ⅰ.①钩… Ⅱ.①陈… ②王… Ⅲ.①钩针—
编织—图解 Ⅳ.①TS935.521-64

中国版本图书馆CIP数据核字(2015)第070580号

内 容 简 介

本书汇集蔷薇、向日葵等二十余种花卉的钩编款式，献给所有喜欢手工制作和崇尚生活美学的读者。

本书从钩编的基础出发，每朵花卉都配有详细的步骤，使零基础的读者一看就懂、一学就会，适用于广大喜爱钩编的读者。

钩编的花世界

陈金霞　王薇　著

出版发行：**中国建材工业出版社**
地　　址：北京市海淀区三里河路1号
邮　　编：100044
经　　销：全国各地新华书店
印　　刷：北京中科印刷有限公司
开　　本：787mm×1092mm　1/16
印　　张：6
字　　数：180千字
版　　次：2015年4月第1版
印　　次：2015年4月第1次
定　　价：48.80元

本社网址：**www.jccbs.com.cn**　　微信公众号：**zgjcgycbs**
本书如出现印装质量问题，由我社网络直销部负责调换。联系电话：（010）88386906

前言

　　随着人们生活水平的不断提高，人们对生活品味的追求也越来越高。钩编的花样不断翻新，主材料线的品种、颜色不断增多，辅料大量涌现，为了满足广大钩编爱好者的需求，作者根据自己在长期钩编实践中的体会，编著了这本《钩编的花世界》一书。

　　"钩编产品"是一种特殊的绒线组织编织品，它具有"露、弹、密、柔、活"的艺术风格，产品组织结构可塑性强，可以达到无限款式与任意规格，是任何机械产品都取代不了的一种特色艺术性手工制品，我们可以随心所欲地实现任意的装饰效果。钩针编织是任何一种当代纺织服装技术都不可取代的产品形式，这也是欧美日等发达国家消费者一直青睐钩针产品的主要原因。近几年来，这种产品的需求有大幅度提高的趋势。

　　在本书中，作者将自己绝大部分作品——花卉展现在读者面前，这些作品大都采用当前流行的颜色、材料钩编而成。在颜色上追求明快、鲜亮；在材料上多采用铁丝做骨架；在构图上大胆创新，富有形象鲜活的逼真感。书中每一件作品既是极具欣赏价值的艺术品，又能为家庭手工编织者拓宽思路，开阔视野。

　　作者编著本书，力求图文并茂，通俗易懂，有材料、用途、编法的介绍，使钩编爱好者一看就懂，一学就会，并能进一步激发钩编爱好者的兴趣，充分发挥其想象力和创造力，使钩编爱好者钩编出款式多样、绚丽多彩的花卉，为美好的生活增添无穷的情趣。愿本书能成为您的良师益友。

　　由于水平有限，时间仓促，不足之处恳请读者批评指正。

编　者

2015 年 3 月 8 日

目 录
CONTENTS

基础知识

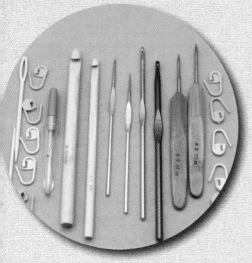

钩针的选择

钩针分为不同的材质，一般的钩针为铝或塑料材质，也有用钢材质的。

钩针型号的选择主要取决于个人的使用爱好，钩针的款式可能会对个人在钩编过程中的舒适度及灵活度产生很大的影响。因此建议钩编者选用适合自己的钩针。

线材的选择

钩编的线种类很多，有棉线、蕾丝线、亚麻线、马海毛线、丝线、尼龙线等。因为钩编的线的结构对钩编的效果会有重要影响，并决定着最终的成品效果。如棉线品种丰富，纯毛线弹性十足。所以在钩编时要根据钩织的图样选择不同的线材，才会产生较好的效果。

必备工具

1. 卷尺：用于测量编织线的长度。

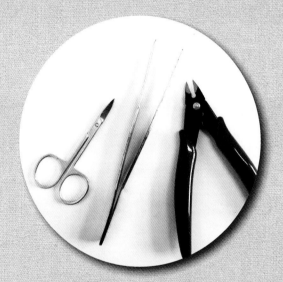

2. 剪刀、钳子、镊子：用于剪线或修理线尾头。

3. 塑料花蕊

4. 软质铁丝：在钩织饰物中起支撑骨架作用。

5. 花盆、花瓶：用于装饰花朵摆放。

起针方法

钩针的拿法（右手）
用大拇指与食指轻轻握住，中指轻靠针上，能自由地移动。

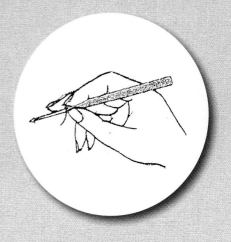

线的拿法（左手）
1、当使用的线较细或易滑时，可将线绕小手指一圈。

2、立起食指，将线张开使之不松弛。

钩编符号说明

小链针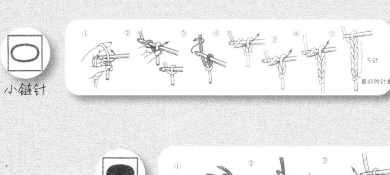

拉针

短针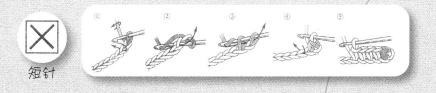

中长针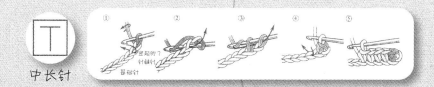

长针

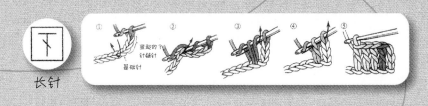

加长针

绕长针

2并1短针

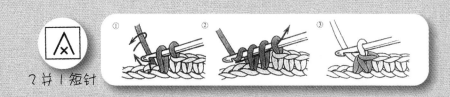

3并1短针

花卉钩编技法

紫玉兰

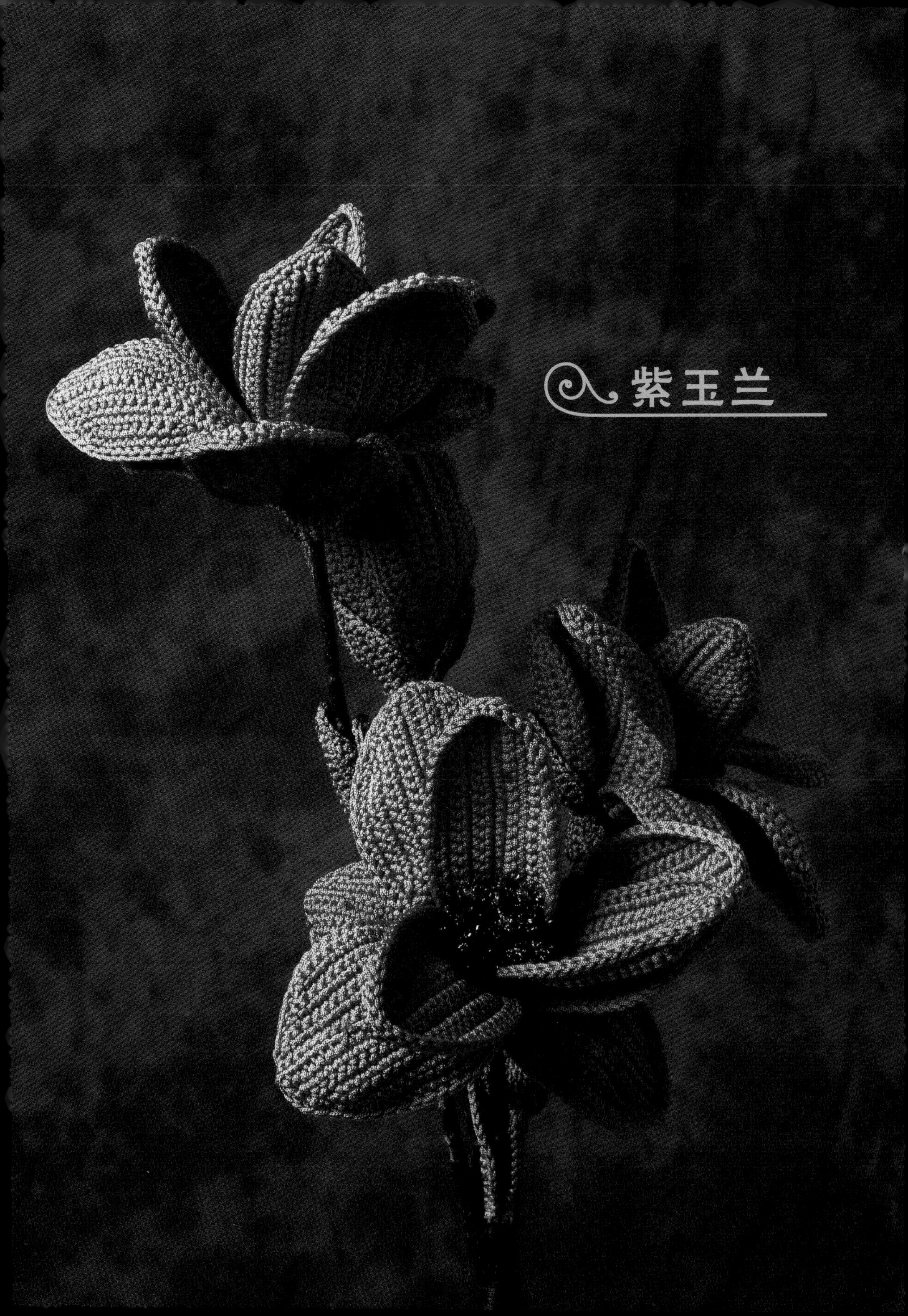

编织线：紫色空心线、绿色空心线

其他材料：软质铁丝

花瓣
（大）

步骤一

钩 26 针小辫，回钩 25 针短针。

步骤二

回钩 23 针短针，回钩 20 针短针，回钩 18 针
短针，回钩 15 针短针，回钩 13 针短针，回钩
19 针短针，完成花瓣的左半部分。

步骤三

回钩 25 针短针，回钩 23 针短针，回钩 20 针短针，
回钩 18 针短针，回钩 15 针短针，回钩 13 针短针，
回钩 19 针短针，回钩 32 针短针，完成整个花瓣。

花瓣
（中）

步骤一

钩 24 针小辫，回钩 23 针短针。

步骤二

回钩 21 针短针，回钩 18 针短针，回钩 15 针短针，回钩 12 针短针，回钩 9 针短针，回钩 15 针短针，完成花瓣的左半部分。

步骤三

回钩 23 针短针，回钩 21 针短针，回钩 18 针短针，回钩 15 针短针，回钩 12 针短针，回钩 18 针短针，回钩 15 针短针，回钩 48 针短针，完成整个花瓣。

花瓣
（小）

步骤一

钩 18 针小辫，回钩 17 针短针。

步骤二

回钩 15 针短针，回钩 12 针短针，回钩 10 针短针，
回钩 13 针短针，完成花瓣的左半部分。

步骤三

回钩 17 针短针，回钩 15 针短针，回钩 12
针短针，回钩 10 针短针，回钩 13 针短针，
回钩 30 针短针，完成整个花瓣。

花萼

步骤一

钩 16 针小辫，回钩 15 针短针。

步骤二

回钩 13 针短针，回钩 11 针短针，回钩 9 针短针，回钩 11 针短针，完成花萼的左半部分。

步骤三

回钩 15 针短针，回钩 13 针短针，回钩 11 针短针，回钩 9 针短针，回钩 11 针短针，回钩 30 针短针，完成整个花萼。

❧ 叶子 ❧

步骤一

钩 14 针小辫，回钩 13 针短针。

步骤二

回钩 11 针短针，回钩 8 针短针，回钩 6 针短针，回钩 9 针短针，完成叶子的左半部分。

步骤三

回钩 13 针短针，回钩 11 针短针，回钩 8 针短针，回钩 6 针短针，回钩 9 针短针，回钩 26 针短针，完成整个叶子。

牡丹

编织线：深橘色、橘粉色、深绿色空心线
其他材料：软质铁丝、塑料花蕊

◢ 花瓣 ◣

步骤一

钩 28 针小辫，回钩 27 针短针。

步骤二

回钩 27 针短针，回钩 21 针短针，回钩 21 针短针，
回钩 16 针短针，回钩 15 针短针，回钩 13 针短针，
回钩 12 针短针，回钩 25 针短针，完成深橘色花瓣
的左半部分。

步骤三

钩 22 针短针，回钩 6 针短针，回钩 22 针短针，回钩
22 针短针，回钩 21 针短针，回钩 16 针短针，回钩 15
针短针，回钩 13 针短针，回钩 12 针短针，回钩 25 针
短针，完成橘色花瓣的右半部分。

Tips 按照步骤一至步骤三的方法，依个人喜好数量，钩出其他
花瓣（也可使用桔粉色），以钩短针的方式把花瓣连接起
来，并加上塑料花蕊。

花萼

步骤一

钩8针小辫，形成一个圆圈。

步骤二

在圆内钩12针短针后加针到15针。

步骤三

钩10针小辫，回钩1针短针，钩9针长针，一针短针，完成花萼的一个角。

Tips 按照步骤一至步骤三的方法，钩出花萼其他4个角。

叶子

步骤一

钩 37 针小辫。

步骤二

回钩 36 针短针，回钩 31 针短针，回钩 23 针
短针，回钩 19 针短针，回钩 13 针短针，回钩
9 针短针，回钩 23 针短针，完成大叶子的左
半部分。

步骤三

钩 37 针短针，回钩 36 针短针，回钩 36 针短针，
回钩 31 针短针，回钩 23 针短针，回钩 19 针短针，
回钩 9 针短针，回钩 23 针短针，回钩 23 针短针，
完成大叶子的右半部分。

Tips 按照步骤一至步骤三的方法，依个人喜好数量，钩出其他
大叶子，并以钩短针的方式连接起来。

白玉兰

编织线：白色空心线、绿色空心线

其他材料：软质铁丝、塑料花蕊、仿真树枝

❧ 花瓣 ❧
（大花）

步骤一

钩 20 针小辫，回钩 25 针短针。

步骤二

回钩 23 针短针，回钩 20 针短针，回钩 18 针短针，回钩 15 针短针，回钩 12 针短针，回钩 19 针短针，完成花瓣的左半部分。

步骤三

从顶部向下回钩 25 针短针，回钩 23 针短针，回钩 20 针短针，回钩 18 针短针，回钩 15 针短针，回钩 12 针短针，回钩 19 针短针，回钩 52 针短针，完成整个花瓣。

Tips 按照步骤一至步骤三的方法，依自己喜好数量钩出其他花瓣。以钩短针的方式把花瓣连接起来。

花瓣
（小花）

步骤一

钩 24 针小辫，回钩 23 针短针。

步骤二

回钩 21 针短针，回钩 18 针短针，回钩 16 针
短针，回钩 19 针短针，完成花瓣的左半部分。

步骤三

从顶部向下回钩 23 针短针，回钩 21 针短针，回
钩 18 针短针，回钩 16 针短针，回钩 19 针短针，
回钩 46 针短针，完成整个花瓣。

Tips 按照步骤一至步骤三的方法，依自己喜好数量钩出其他花瓣。以钩短针的方式把花瓣连接起来。

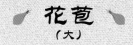

花苞
（大）

步骤一

钩 20 针小辫，回钩 19 针短针。

步骤二

回钩 16 针短针，回钩 13 针短针，回钩 9 针
短针，回钩 13 针短针，完成花苞花瓣的左半
部分。

步骤三

从顶部向下回钩 19 针短针，回钩 16 针短针，
回钩 13 针短针，回钩 9 针短针，回钩 13
针短针，回钩 39 针短针，完成花苞的一个
花瓣。

Tips 按照个人喜好数量，按照步骤一至步骤三的方法，钩出
花苞其他花瓣。

花苞
(小)

步骤一
钩16针小辫，回钩15针短针。

步骤二
回钩13针短针，回钩10针短针，回钩7针短针，回钩8针短针，完成花苞花瓣的左半部分。

步骤三
从顶部向下回钩15针短针，回钩12针短针，回钩10针短针，回钩7针短针，回钩8针短针，回钩31针短针，完成花苞的一个花瓣。

Tips 按照个人喜好数量，按照步骤一至步骤三的方法，钩出花苞其他花瓣。

叶子

步骤一

钩 15 针小辫，回钩 14 针短针。

步骤二

回钩 12 针短针，回钩 9 针短针，回钩 6 针
短针，回钩 10 针短针，完成叶子的左半部分。

步骤三

钩 14 针短针，回钩 12 针短针，回钩 9 针
短针，回钩 6 针短针，回钩 28 针短针，
完成整个叶子。

Tips 按照个人喜好数量，按照步骤一至步骤三的方法，钩出其
他叶子。

玫瑰

编织线：彩色空心线

其他材料：软质铁丝

❧ 花瓣 ❧

步骤一

钩 21 针小辫，回钩 20 针短针。

步骤二

回钩 20 针短针，回钩 18 针短针，回钩 17 针短针，
回钩 15 针短针，回钩 14 针短针，回钩 12 针短针，
回钩 21 针短针，完成花瓣的左半部分。

步骤三

回钩 20 针短针，回钩 17 针短针，回钩 17
针短针，回钩 15 针短针，回钩 14 针短针，
回钩 12 针短针，回钩 21 针短针，完成花瓣
的右半部分。

Tips 钩 50 针爬针，完成整个花瓣。按照步骤一至步骤四的方法，
钩出其他花瓣。以钩短针的方式把 4 片花瓣连接起来。

叶子

步骤一
钩 22 针小辫，回钩 21 针短针。

步骤二
回钩 19 针短针，回钩 16 针短针，回钩 14 针短针，回钩 11 针短针，回钩 9 针短针，回钩 15 针短针，完成叶子的左半部分。

步骤三
钩 22 针短针，回钩 21 针短针，回钩 19 针短针，回钩 16 针短针，回钩 14 针短针，回钩 11 针短针，回钩 9 针短针，回钩 15 针短针，完成叶子的右半部分。

Tips　按照个人喜好数量，按照步骤一至步骤三的方法，钩出其他叶子。

花萼

步骤一

钩6针小辫形成一个圆圈，在圆里五圈内加针到15针。

步骤二

钩3针短针，钩7针小辫，钩6针短针，钩3针短针，钩7针小辫，钩6针短针。重复钩5遍，完成花萼的雏形。

步骤三

钩7针短针，钩4针小辫，钩13针爬针，完成花萼一个角的右半部分，逆时针重复步骤一至步骤三的做法，钩出整个花萼。

Tips 按照步骤一至步骤三的方法，钩出其他3个叶子。

蕙兰

编织线：橘色空心线、绿色空心线、紫色空心线
其他材料：软质铁丝

◣ 花瓣 ◢

步骤一

钩 26 针小辫，回钩 25 针短针。

步骤二

回钩 23 针短针，回钩 19 针短针，回钩 17 针短针，
回钩 14 针短针，回钩 11 针短针，回钩 9 针短
针，回钩 7 针短针，回钩 17 针短针，完成花
瓣的左半部分。

步骤三

从顶部向下回钩两行 25 针短针，回钩 23 针短
针，回钩 19 针短针，回钩 17 针短针，回钩 14
针短针，回钩 11 针短针，回钩 9 针短针，回
钩 7 针短针，回钩 17 针短针，回钩 52 针短针，
完成整个花瓣。

Tips 按照个人喜好数量，按照步骤一至步骤三的方法，钩出其
他花瓣。

❧ 花苞花瓣 ❧

步骤一
钩 24 针小辫，回钩 23 针短针。

步骤二
回钩 20 针短针，回钩 18 针短针，回钩 15 针短针，回钩 13 针短针，回钩 10 针短针，回钩 14 针短针，完成花苞花瓣的左半部分。

步骤三
从顶部向下钩 23 针短针，回钩 20 针短针，回钩 18 针短针，回钩 15 针短针，回钩 13 针短针，回钩 10 针短针，回钩 14 针短针，回钩 46 针短针，完成整个花苞的一个花瓣。

Tips 按照个人喜好数量，按照步骤一至步骤三的方法，钩出其他花苞花瓣。

❧ 花蕊 ❧

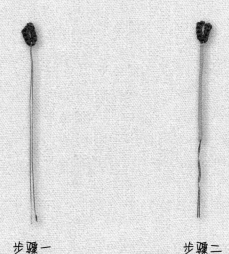

步骤一

钩8针2套1针，中间
穿铁丝。

步骤二

用橘色线缠绕铁丝。

❧ 叶子 ❧

步骤一

钩15针小辫，钩1针短针，
钩11针长针，钩2针短针，
完成叶子的右半部分。

步骤二

从下向上钩2针短针，钩
11针长针，钩1针短针。

步骤三

钩下线钩1圈爬针。

Tips 按照个人喜好数量，按照步骤一至步骤三的方法，钩出其
他叶子。

长寿花

编织线：粉色空心线、浅绿色空心线
其他材料：软质铁丝、塑料花蕊

❧ 花瓣 ❧
（大）

步骤一

钩 14 针小辫，回钩 13 针短针。

步骤二

回钩 11 针短针，回钩 9 针短针，回钩 7 针短针，
回钩 9 针短针，完成一个花瓣的左半部分。

步骤三

从顶部向下回钩 13 针短针，回钩 11 针短针，回
钩 9 针短针，回钩 7 针短针，回钩 9 针短针，回
钩 28 针短针，完成整个花瓣。

Tips 按照个人喜好数量，按照步骤一至步骤三的方法，钩出其
他花瓣。

▲ 花瓣 ▲
(小)

步骤一

钩 12 针小辫，回钩 11 针短针。

步骤二

回钩 9 针短针，回钩 7 针短针，回钩 5 针短针，
回钩 7 针短针，完成一个花瓣的左半部分。

步骤三

从顶部向下回钩 11 针短针，回钩 9 针短针，回
钩 7 针短针，回钩 5 针短针，回钩 7 针短针，回
钩 24 针短针，完成整个花瓣。

Tips 按照个人喜好数量，按照步骤一至步骤三的方法，钩出其
他花瓣。

叶子

步骤一

钩 16 针小辫，回钩 15 针短针。

步骤二

回钩 13 针短针，回钩 11 针短针，回钩 9 针短针，回钩 11 针短针，完成叶子的左半部分。

步骤三

从顶部向下回钩 15 针短针，回钩 13 针短针，回钩 11 针短针，回钩 9 针短针，回钩 11 针短针，回钩 3 针短针，完成整个叶子。

Tips　按照个人喜好数量，按照步骤一至步骤三的方法，钩出其他叶子。

梅花

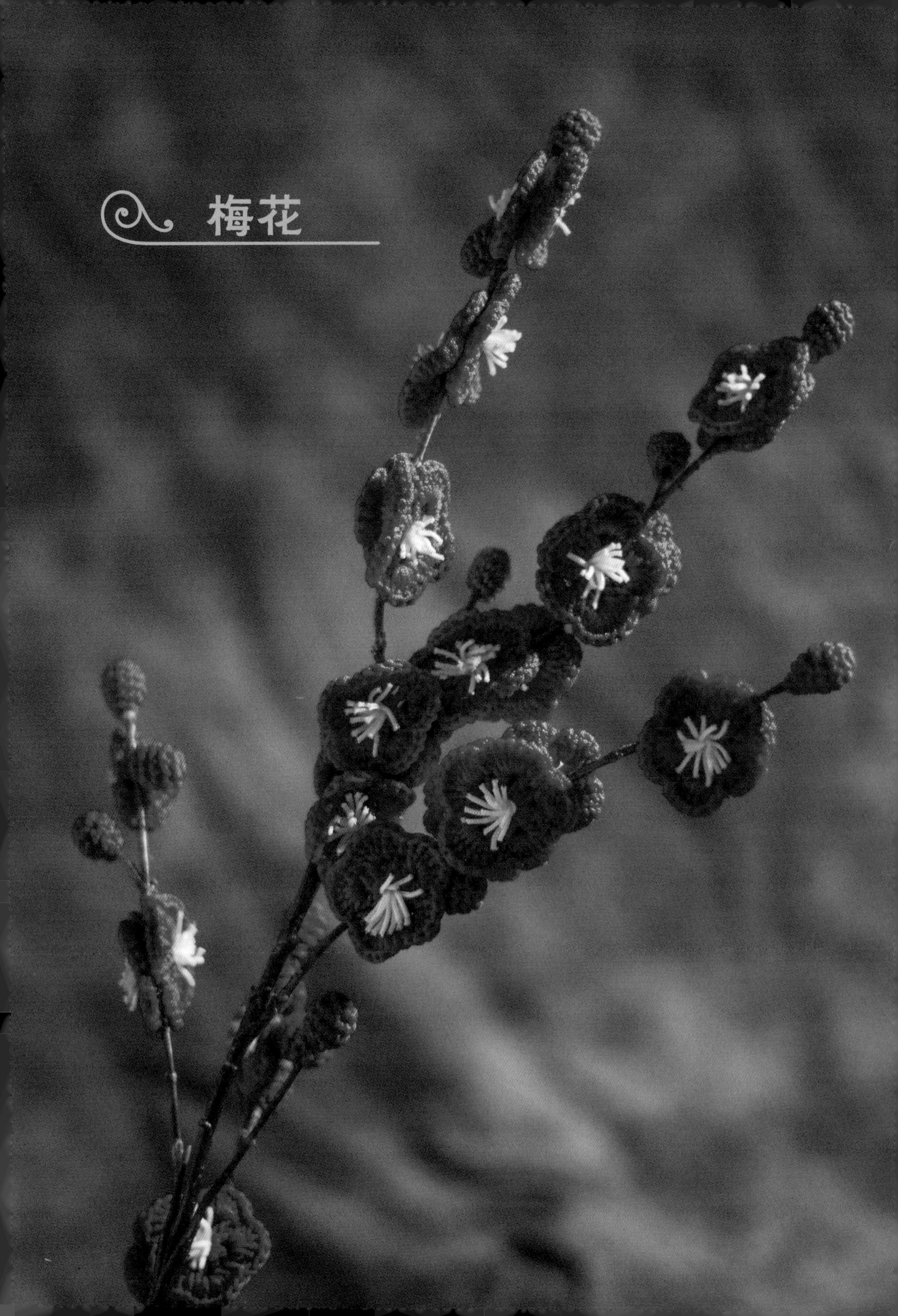

编织线：红色

其他材料：软质铁丝

花瓣

步骤一

钩6针小辫，钩圆。

步骤二

钩2针小辫，圆内钩1针长针，钩2
针小辫，钩2针长针，重复钩4次，
钩出如图步骤二的样式。

步骤三

钩6针长针，钩1针短针，重复4次，钩出5个花瓣。

Tips 最后需要钩出5孔出来。

鹤掌

编织线：红色空心线、粉色空心线、黄色空心线、绿色空心线
其他材料：软质铁丝、仿真枝干

❧ 花瓣 ❧

步骤一
钩35针小辫，回钩30针短针。

步骤二

回钩29针短针，回钩24针短针，回钩22针短针，回钩20针短针，回钩18针短针，回钩16针短针，回钩14针短针，回钩12针短针，回钩10针短针，回钩18针短针，回钩17针短针，回钩15针短针，回钩14针短针，回钩12针短针，回钩11针短针，回钩9针短针，回钩8针短针，回钩16针短针，回钩15针短针，回钩14针短针，回钩12针短针，回钩10针短针，回钩9针短针，回钩7针短针，回钩6针短针，回钩2行16针短针，回钩14针短针，回钩12针短针，回钩11针短针，回钩9针短针，回钩8针短针，回钩10针短针，完成花瓣的左半部分。

步骤三

从顶部向下回钩30针短针，回钩29针短针，回钩24针短针，回钩22针短针，回钩20针短针，回钩18针短针，回钩16针短针，回钩14针短针，回钩12针短针，回钩10针短针，回钩18针短针，回钩17针短针，回钩15针短针，回钩14针短针，回钩12针短针，回钩11针短针，回钩9针短针，回钩8针短针，回钩16针短针，回钩15针短针，回钩14针短针，回钩12针短针，回钩10针短针，回钩14针短针，钩6针小辫，回钩16针短针，回钩14针短针，回钩12针短针，回钩10针短针，回钩14针短针，回钩12针短针，回钩10针短针，回钩8针短针，回钩12针短针，回钩10针短针，回钩8针短针，回钩10针短针，回钩110针短针，完成整个花瓣。

❧ 花蕊 ❧

钩8针小辫形成一个圆，圆内钩10针短针，以每三行递减一针的方式向上钩23行，到顶端时减针到3针后缝合。

Tips 按照步骤一至步骤三的方法，用绿色空心线钩出两片叶子。

迎春花

编织线：黄色空心线、绿色空心线
其他材料：软质铁丝、仿真花蕊

❧ 花瓣 ❧

步骤一

钩 11 针小辫，回钩 10 针短针，形成一个圆。
以同样方法钩出 6 个花瓣。

步骤二

从下向上钩 10 针短针，钩爬针 10 针，钩 10
针短针，钩出右边，最后补钩右半边爬针。

步骤三

两层花瓣中心错位，钩 6 针短针把两层花瓣连
接在一起。

Tips 按照个人喜好数量，按照步骤一至步骤三的方法，钩出其
他花瓣，并放入仿真花蕊。

大花蕙兰

编织线：红色空心线

其他材料：软质铁丝、塑料花蕊

花瓣
（大）

步骤一

钩23针小辫，回钩22针短针。

步骤二

回钩20针短针，回钩17针短针，回钩15针短针，回钩12针短针，回钩10针短针，回钩7针短针，回钩15针短针，完成一个花瓣的左半部分。

步骤三

从顶部向下回钩23针短针，回钩22针短针，回钩20针短针，回钩17针短针，回钩15针短针，回钩12针短针，回钩10针短针，回钩7针短针，回钩46针短针，完成整个花瓣。

Tips 按照个人喜好数量，按照步骤一至步骤三的方法，钩出其他花瓣。

❧ 花瓣 ❧
（小）

步骤一

钩 19 针小辫，回钩 18 针短针。

步骤二

回钩 16 针短针，回钩 13 针短针，回钩 11 针短针，回钩 9 针短针，回钩 11 针短针，回钩 7 针短针，回钩 12 针短针，完成一个花瓣的左半部分。

步骤三

从顶部向下回钩 19 针短针，回钩 2 行 19 针短针，回钩 16 针短针，回钩 13 针短针，回钩 11 针短针，回钩 7 针短针，回钩 37 针短针，回钩 11 针短针，回钩 37 针短针，完成整个花瓣。

Tips 按照个人喜好数量，按照步骤一至步骤三的方法，钩出其他花瓣。

花苞

步骤一

钩 15 针小辫，回钩 14 针短针。

步骤二

回钩 12 针短针，回钩 9 针短针，回钩 10 针短针，完成一个花瓣的左半部分。

步骤三

从顶部向下回钩 2 行 14 针短针，回钩 12 针短针，回钩 9 针短针，回钩 30 针短针，完成整个花瓣。

Tips 按照个人喜好数量，按照步骤一至步骤三的方法，钩出其他花瓣。

叶子

步骤一

钩 43 针小辫，回钩 42 针短针。

步骤二

回钩 36 针短针，回钩 31 针短针，回钩 26 针短针，回钩 22 针短针，回钩 16 针短针，回钩 13 针短针，完成叶子的左半部分。

步骤三

从顶部向下回钩 2 行 43 针短针，回钩 36 针短针，回钩 31 针短针，回钩 26 针短针，回钩 22 针短针，回钩 16 针短针，回钩 13 针短针，回钩 85 针短针，完成整个叶子。

Tips 按照个人喜好数量，按照步骤一至步骤三的方法，钩出其他叶子。

叶子

步骤一

钩14针小辫，回钩7针短针。

步骤二

钩9针长针，钩3针短针。

步骤三

从顶部向下钩3针短针，钩9针长针，钩7针短针。

Tips 按照个人喜好数量，按照步骤一至步骤三的方法，钩出其他叶子。

向日葵

编织线：橘色空心线、橘色丝绒线、绿色空心线
其他材料：软质铁丝

花朵

步骤一

用绿线钩6针小辫，钩圆，钩7针短针。6圈短针加钩到30针。

步骤二

换橘色线挑上线钩3针短针加钩1针短针，往返1圈，钩出40针短针。钩上线3针短针，钩10针小辫，钩1针短针，钩8针长针。下空1针短针，钩3针短针，钩出10个花瓣。

步骤三

挑上线钩40针短针，用步骤二的方法再钩出10个花瓣。

步骤四

换绿线钩40针短针（钩上线）。先钩3针短针，钩第4针短针时，钩2针长针，钩1针加长针，钩3针小辫，在原位钩1针短针，钩1针加长针，钩2针长针，钩3针短针，钩1针小辫，重复钩出10个绿色花萼。

步骤五

钩7针短针，空1针短针，钩1圈；钩4针短针，空1针短针，又钩1圈；钩3针短针，空1针短针，又钩1圈；钩2针短针，空1针短针，钩2圈。剩10针短针时，把铁丝放入中间，围绕铁丝钩3圈短针。

步骤六

把步骤五的成品翻面，在向日葵的绿线部分上用黄色线按顺时针方向钩3针小辫，钩1针短针，把中间绿线部分盖住，即完成整个向日葵花朵部分。

❧ 叶子 ❧

步骤一

钩 25 针小辫，回钩 24 针短针。

步骤二

回钩 20 针短针，回钩 18 针短针，回钩 14 针短针，回钩 11 针短针，回钩 9 针短针，回钩 14 针短针，完成叶子的右半部分。

步骤三

钩 25 针短针，回钩 24 针短针，回钩 20 针短针，回钩 18 针短针，回钩 14 针短针，回钩 11 针短针，回钩 9 针短针，回钩 14 针短针，回钩 48 针短针，完成整个叶子。

Tips 按照个人喜好数量，按照步骤一至步骤三的方法，钩出其他叶子。

小雏菊

编织线：橘色空心线（花瓣）、黄色丝线（花蕊）、绿色空心线（叶子）
其他材料：软质铁丝

❧ 花瓣 ❧

步骤一

钩6针小辫钩圆，钩7针短针，钩1针短针加钩1针短针，加钩到1圈14针短针。

步骤二

钩上边单线钩7针短针，钩6针小辫，钩1针短针，钩5针长针，钩7针短针，往返钩出七个花瓣。在花瓣上钩一圈爬针。

步骤三

在单线上钩短针，加钩到18针短针，钩上边的单线钩7针短针，钩7针小辫，钩1针短针，钩6针长针，钩上线7针短针，往返钩出九个花瓣，在花瓣上钩一圈爬针。

Tips　每圈花都加钩短针4～6针，每层花都要多出7个以上花瓣。

❧ 叶子 ❧

步骤一

钩17针小辫，回钩16针短针。

步骤二

回钩13针短针，回钩10针短针，回钩7针短针，回钩10针短针，完成叶子的左半部分。

步骤三

钩17针短针，回钩两行16针短针，回钩13针短针，回钩10针短针，回钩7针短针，回钩10针短针，回钩75针短针，完成整个叶子。

Tips 依个人喜好数量，按照步骤一至步骤三的方法，钩出其他叶子。

郁金香

编织线：红色空心线

其他材料：软质铁丝

花瓣
（外）

步骤一

钩 30 针小辫，回钩 29 针短针。

步骤二

回钩 29 针短针，回钩 26 针短针，回钩 24 针短针，
回钩 22 针短针，回钩 19 针短针，回钩 16 针短针，
回钩 25 针短针，完成花瓣的左半部分。

步骤三

钩 30 针短针，回钩 2 行 29 针短针，回钩 26 针短针，
回钩 24 针短针，回钩 22 针短针，回钩 19 针短针，
回钩 16 针短针，回钩 25 针短针，回钩 65 针短针，
完成整个花瓣。

Tips　按照步骤一至步骤三的方法，钩出其他花瓣。以钩短针的
方式把花瓣连成一个圆圈。

花瓣
（内）

步骤一

钩 29 针小辫，回钩 28 针短针。

步骤二

回钩 28 针短针，回钩 25 针短针，回钩 21 针短针，回钩 17 针短针，回钩 15 针短针，回钩 24 针短针，完成花瓣的左半部分。

步骤三

从顶部向下回钩 29 针短针，回钩 2 行 28 针短针，回钩 25 针短针，回钩 21 针短针，回钩 17 针短针，回钩 15 针短针，回钩 24 针短针，钩 62 针爬针，完成整个花瓣。

Tips

按照步骤一至步骤三的方法，钩出其他花瓣。以钩短针的方式把花瓣连成一个圆圈。

百合

编织线：粉色空心线、白色空心线、绿色空心线
其他材料：软质铁丝

❧ 花瓣 ❧

步骤一

使用粉色空心线钩 39 针小辫，回钩 38 针短针。

步骤二

回钩 34 针短针，回钩 30 针短针，回钩 24 针短针，回钩 18 针短针，回钩 12 针短针，回钩 21 针短针，完成一个花瓣的左半部分。

步骤三

回钩 38 针短针，回钩 38 针短针，回钩 34 针短针，回钩 30 针短针，回钩 24 针短针，回钩 18 针短针，回钩 12 针短针，回钩 21 针短针，完成花瓣的右半部分。用白色空心线回钩 38 针短针，钩 5 针小辫，钩 4 针短针，钩 38 针短针，完成整个花瓣。

Tips

依自己喜好数量，按照步骤一至步骤三的方法钩出其他花瓣。以钩短针的方式把花瓣连接起来。

❧ 叶子 ❧

步骤一

钩 49 针小辫，回钩 48 针短针。

步骤二

回钩 38 针短针，回钩 33 针短针，回钩 22 针短针，回钩 18 针短针，回钩 15 针短针，回钩 23 针短针，完成叶子的左半部分。

步骤三

从顶端向下回钩 48 针短针，回钩 38 针短针，回钩 33 针短针，回钩 22 针短针，回钩 18 针短针，回钩 15 针短针，回钩 97 针短针，完成整个叶子。

Tips 依个人喜好数量，按照步骤一至步骤三的方法，钩出其他叶子。

编织线：红色空心线

其他材料：软质铁丝、塑料花蕊

花瓣
（大花）

步骤一

钩 38 针小辫，回钩 37 针短针。

步骤二

回钩33针短针,回钩30针短针,回钩24针短针,
回钩21针短针,回钩15针短针,回钩21针短针,
完成花瓣的左半部分。

步骤三

从顶部回钩 37 针短针，回钩 33 针短针，回钩 30
针短针，回钩 24 针短针，回钩 21 针短针，回钩
21 针短针，回钩 77 针短针，完成整个花瓣。

Tips 按照步骤一至步骤三的方法，钩出其他 4 个花瓣。以钩短
针的方式把 4 片花瓣连接起来。

花瓣
（小花）

步骤一

钩 78 针小辫，回钩 77 针短针。

步骤二

回钩 23 针短针，回钩 20 针短针，回钩 16 针短针，回钩 19 针短针，完成花瓣的左半部分。

步骤三

从顶部向下回钩 77 针短针，回钩 23 针短针，回钩 20 针短针，回钩 16 针短针，回钩 19 针短针，回钩 55 针短针，完成整个花瓣。

Tips 按照步骤一至步骤三的方法，钩出其他 3 个花瓣。以钩短针的方式把 4 片花瓣连接起来。

叶子
（大）

步骤一

钩 36 针小辫，回钩 35 针短针。

步骤二

回钩 31 针短针，回钩 28 针短针，回钩 24 针短针，
回钩 21 针短针，回钩 17 针短针，回钩 24 针短针，
完成叶子的左半部分。

步骤三

从顶部向下钩 35 针短针，回钩 31 针短针，回钩 28 针
短针，回钩 24 针短针，回钩 21 针短针，回钩 17 针短针，
回钩 24 针短针，回钩外圈 70 针短针，完成整个叶子。

Tips 按照个人喜好数量，按照步骤一至步骤三的方法，钩出
其他叶子。

叶子
(小)

步骤一

钩 22 针小辫，回钩 21 针短针。

步骤二

回钩 17 针短针，回钩 15 针短针，回钩 12 针短针，回钩 14 针短针，完成叶子的左半部分。

步骤三

从顶部向下回钩 21 针短针，回钩 17 针短针，回钩 15 针短针，回钩 12 针短针，回钩 14 针短针，围圈钩 42 针短针，完成整个叶子。

Tips 按照个人喜好数量，按照步骤一至步骤三的方法，钩出其他叶子。

花萼
（大）

步骤一

钩 12 针小辫形成一个圆圈，在圆里五圈内加针到 11 针。

步骤二

回钩 10 针短针，回钩 8 针小辫，回钩 7 针短针，回钩 9 针短针，完成花萼的雏形。

步骤三

从顶部向下回钩 11 针短针，回钩 10 针小辫，回钩 8 针短针，回钩 7 针短针，回钩 9 针短针，回钩 8 针短针，回钩 7 针短针，回钩 9 针短针，回钩 26 针短针。完成花萼的一个角。

Tips　按照步骤一至步骤三的方法，钩出其他 3 个叶子。

花萼
（小）

步骤一

钩 10 针小辫，回钩 8 针短针。

步骤二

回钩 6 针短针，回钩 8 针短针。

步骤三

从顶部向下回钩 8 针短针，回钩 6 针小辫，回钩
8 针短针，回钩 70 针短针，完成花萼的一个角。

Tips 　按照步骤一至步骤三的方法，钩出花萼的其他 3 个角。

君子兰

编织线：橘色空心线、绿色空心线、黄色空心线
其他材料：软质铁丝

❧ 花瓣 ❧

步骤一

钩25针小辫，回钩24针短针。

步骤二

回钩24针短针，回钩20针短针，回钩18针短针，回钩14针短针，回钩12针短针，回钩20针短针，完成花瓣的左半部分。

步骤三

从顶部向下回钩两行24针短针，回钩20针短针，回钩18针短针，回钩14针短针，回钩12针短针，回钩20针短针，回钩一圈52针短针，回钩反面52针爬针，完成整个花瓣。

Tips 按照个人喜好数量，按照步骤一至步骤三的方法，钩出其他花瓣。

◈ 叶子 ◈

步骤一

钩76针小辫，回钩75针短针。

步骤二

回钩70针短针，回钩65针短针，回钩57针短针，回钩62针短针，完成叶子的左半部分。

步骤三

从顶部向下钩75针短针，回钩70针短针，回钩65针短针，回钩62针短针，回钩150针短针，回钩150针爬针，完成整个叶子。

Tips 按照个人喜好数量，按照步骤一至步骤三的方法，钩出其他叶子。

水仙花

编织线：白色空心线、绿色空心线、黄色空心线
其他材料：软质铁丝

◄ 花瓣 ►

步骤一 步骤二

钩6针小辫钩圆。 钩8针短针，钩1圈

步骤三

钩上线，钩1针短针、加钩1针短针，钩出18针一圈。钩2针短
针，钩2针长针，钩1针长长针，钩3针小辫，花原位长长针尖
上钩1针短针，钩1针长长针，钩2针长针，钩2针短针，往返
一圈钩出5个花瓣。

Tips 按照个人喜好数量，按照步骤一至步骤三的方法，钩出其
他花瓣。

叶子

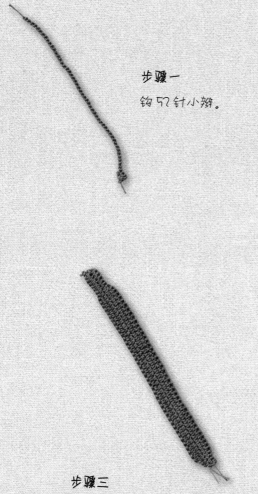

步骤一

钩 52 针小辫。

步骤二

钩 6 针短针，钩 43 针短针，钩 2 针
短针，完成叶子的左半部分。

步骤三

钩 2 针短针，钩 43 针长针，钩 6
针短针，完成整个叶子。

Tips 按照个人喜好数量，按照步骤一至步骤三的方法，钩出其
余叶子。并在叶子中加入软质铁丝。

野薔薇

编织线：粉色、深绿色空心线、软质铁丝、塑料花蕊

❧ 花瓣 ❧

步骤一

钩 15 针小辫，回钩 14 针短针。

步骤二

回钩 11 针短针，回钩 10 针短针，回钩 7 针短针，回钩 6 针短针，完成花瓣的左半部分。

步骤三

回钩 15 针短针。

步骤四

回钩 14 针短针，回钩 11 针短针，回钩 10 针短针，回钩 7 针短针，回钩 6 针短针，完成花瓣的右半部分。钩一圈爬针，完成整个花瓣。

Tips 按照步骤一至步骤四的方法，钩出其他三片花瓣，以钩短针的方式把 4 片花瓣连接起来，并加上塑料花蕊。

叶子

步骤一

钩 21 针小辫，回钩 20 针短针。

步骤二

回钩 17 针短针，回钩 14 针短针，回钩 11 针短针，完成叶子的左半部分。

步骤三

回钩 20 针短针，回钩 17 针短针，回钩 14 针短针，回钩 11 针短针，完成叶子的右半部分。

步骤四

钩一圈爬针，完成整个叶子。

Tips 按照步骤一至步骤四的方法，钩出另外一片叶子，并与第一片叶子组合。

康乃馨

编织线：黄色空心线、红色星雨线、绿色空心线
其他材料：软质铁丝

❧ 花瓣 ❧

步骤一
钩10针，钩圆。

步骤二
钩10针短针，钩3圈。钩1针短针，
钩1针长针，加钩1针长针。钩1针
长针，加钩1针长针。钩1针长针，
加钩1针长针，钩1针短针，以同样
针法钩出一圈3个花瓣。

步骤三
重复每圈在每针短针上加钩1针短针，在每
针长针上加钩1针长针，以同样方法钩2行。
用红色星雨线钩3针小辫，钩1圈短针，钩
出花边。

Tips 按照步骤一至步骤三的方法，钩出其他花瓣。以钩短针的
方式把花瓣连接起来。

花萼

步骤一

钩7针小辫，钩圆。钩7行短针加钩短针至12针。钩1针短针，钩3针小辫，原位钩7针长针，钩1针短针，钩出1圈呈12个角形。

叶子

步骤一

钩26针小辫，钩25针短针。

步骤二

钩25针短针，顶部钩4针小辫，钩3针短针，钩25针短针，钩28针短针。

菊花

编织线：黄色空心线、红色星雨线、绿色空心线
其他材料：软质铁丝

❧ 花瓣 ❧

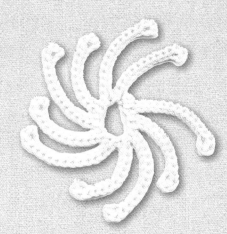

步骤一

钩13针小辫，在顶部回钩7针短针，在每个小辫上钩一圈爬针，用同样的方法钩出10个花瓣。

步骤二

反面钩10针爬针。钩3针小辫，钩1针短针，钩出3个圈，错位钩小辫，上圈13针，下边钩15针小辫，用同样的方法每圈多钩出几个花瓣小辫，够7圈小辫不加不减，钩出后两圈，一直加到最后30针与37针。重复第一圈10个花瓣，第二圈15个，依次每圈加5个花瓣直到第八圈45个花瓣。

叶子

步骤一

钩 22 针小辫，回钩 18 针短针。

步骤二

回钩 16 针短针，回钩 14 针短针，回钩 11 针短针，回钩 8 针短针，回钩 5 针短针，回钩 11 针短针，完成叶子的左半部分。

步骤三

从顶部向下回钩 18 针短针，回钩 16 针短针，回钩 14 针短针，回钩 11 针短针，回钩 8 针短针，回钩 5 针短针，回钩 11 针短针，完成整个叶子。

Tips 按照个人喜好数量，按照步骤一至步骤三的方法，钩出其他叶子。

作品展示

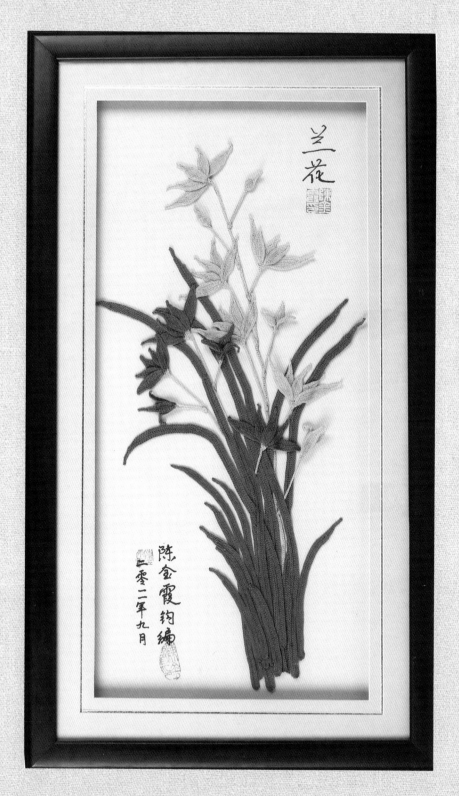

竹

陳垂霞鈎編
二〇一一年九月

陈金霞钩编

二〇二二年十二月

陈金霞 钩编

二〇一四年十月

天堂鸟